BEI GRIN MACHT SICH IHR WISSEN BEZAHLT

- Wir veröffentlichen Ihre Hausarbeit,
  Bachelor- und Masterarbeit

- Ihr eigenes eBook und Buch -
  weltweit in allen wichtigen Shops

- Verdienen Sie an jedem Verkauf

Jetzt bei www.GRIN.com hochladen
und kostenlos publizieren

Stefan Leschonski

Analyse der jüngsten Aktivitäten und Zielsetzungen der Normungsorganisationen DIN, AFNOR und BSI

Unter Zuhilfenahme von Jahresberichten, Strategiepapieren und Internetpräsenzen

GRIN Verlag

Bibliografische Information der Deutschen Nationalbibliothek:

Die Deutsche Bibliothek verzeichnet diese Publikation in der Deutschen National-
bibliografie; detaillierte bibliografische Daten sind im Internet über http://dnb.d-
nb.de/ abrufbar.

Impressum:

Copyright © 2008 GRIN Verlag, Open Publishing GmbH
Druck und Bindung: Books on Demand GmbH, Norderstedt Germany
ISBN: 978-3-640-68923-1

Dieses Buch bei GRIN:

http://www.grin.com/de/e-book/155994/analyse-der-juengsten-aktivitaeten-und-
zielsetzungen-der-normungsorganisationen

Helmut-Schmidt-Universität

Universität der Bundeswehr

Interdisziplinärer Studienanteil:

Standardisierung in Unternehmen und Märkten

Frühjahrstrimester 2008

Analyse der jüngsten Aktivitäten und Zielsetzungen der Normungsorganisationen DIN, AFNOR, BSI anhand von Jahresberichten, Strategiepapieren, Internetpräsenzen

27. August 2008

Stefan Leschonski (4. Trimester)

Studiengang: Volkswirtschaftslehre

Inhaltsverzeichnis:

<u>1. Einleitung</u>

In der vorliegenden Hausarbeit wird das Thema „Analyse der jüngsten Aktivitäten und Zielsetzungen der Normungsorganisationen DIN, AFNOR, BSI anhand von Jahresberichten, Strategiepapieren, Internetpräsenzen" in dem Modul „Standardisierung in Unternehmen und Märkten" behandelt.

Zu Beginn erfolgt eine Begründung des Interesses an dem Modul und dem Thema der Hausarbeit:

Standardisierung und Normierung beginnen zwar am Anfang in der Technik, wirken sich jedoch schnell auf die Betriebs- und damit Volkswirtschaft eines Staates und damit seiner wirtschaftlichen Leistungsfähigkeit aus. Nur, um einige Vorteile zu nennen: Normen bauen Handelshemmnisse ab und wirken sich auf die Wirtschaft dergestalt aus, dass deren jährlicher Nutzen für Deutschlands Wirtschaft mit ca. 16 Mrd. € beziffert wurde und sie ein Drittel des Wirtschaftswachstums bewirken. [1]

Des Weiteren bieten Normen auch viele Vorzüge auf betriebswirtschaftlicher Basis der Unternehmen, was an dieser Stelle auszuführen, jedoch zu weit gehen würde.

Ebenso auf der Ebene der Anwender und Konsumenten: Ohne die Kompatibilität von Produkten und Systemen, was von Jedem als selbstverständlich hingenommen wird, würden viele Abläufe in nahezu allen Bereichen unseres Lebens nicht so effizient und zügig ablaufen können, wie gewohnt; sei es bei Reparaturen oder bspw. beim Auswechseln einer defekten Glühbirne.

Da ich diesen Aspekt der Gleichheit, Normierung, als sehr interessant erachte, auch unter wirtschaftlicher Betrachtung, fiel es mir leicht, mich für das Thema mit der Bearbeitung der Organisationen zu entscheiden, die dafür zuständig sind, Normen zu erarbeiten und herauszugeben.

Bei der Materialbeschaffung gab es keinerlei Probleme, da bezüglich des Themas Quellen, insbesondere im Internet, en masse existieren und die einzige Schwierigkeit hierbei darin besteht, die relevanten Informationen herauszufiltern.

---

[1] Vgl.: http://www.din.de/cmd?level=tpl-rubrik&menuid=47391&cmsareaid=47391&menurubricid=47513&cmsrubid=47513&languageid=de#oben

In der Hausarbeit werden gemäß dem Thema der Vergleich der drei erwähnten Organisationen mit Hilfe von Geschäftsberichten, Pressemeldungen und deren Präsenz im Internet im Vordergrund stehen.

Zuvor werde ich jedoch kurz Standard von Norm abgrenzen, da diese von vielen Menschen fälschlicherweise als Synonyme benutzt werden und exemplarisch aufzeigen, wie eine Norm eingeführt wird.

Danach werden, weiterhin zur Einleitung in das Hauptthema, die drei besagten Institute in das Gesamtsystem eingeordnet und deren Beziehungen untereinander dargestellt.

Im Hauptteil werden die Organisationen DIN, BSI und AFNOR sukzessive beschrieben und mit Hilfe der folgenden Unterpunkte charakterisiert: Entstehungsgeschichte und Historie; wichtige Merkmale; Status quo (basierend auf den Geschäftsberichten und Pressemitteilungen) und letztlich die Ziele der jeweiligen Organisation.

Im Schlussteil werden weitere Unterschiede mit Hilfe von Diagrammen und Statistiken aufgezeigt und ein Fazit gezogen.

Ziel der Hausarbeit ist es, die Aktivitäten und Zielsetzungen von DIN, BSI und AFNOR miteinander zu vergleichen und dabei aufkommende Unterschiede oder Parallelen aufzuzeigen.

1.1. Standard = Norm?

Wie bereits angedeutet, fasse ich diesen Punkt kurz auf, da in der Bevölkerung Standard oftmals gleichbedeutend mit Norm verwendet wird und besagte Begriffe miteinander vertauscht werden.

Eine Norm spiegelt den aktuellen Stand der Technik wider und ist in festgelegten Prozessen in einer Normungsorganisation entstanden. Sie erleichtert den Umgang mit regelmäßig wiederkehrenden Abläufen.

Genau ist der Begriff „Norm" sogar in der Norm DIN EN 45020 definiert: „Dokument, das mit Konsens erstellt und von einer anerkannten Institution angenommen wurde und das für die allgemeine und wiederkehrende Anwendung Regeln, Leitlinien oder Merkmale für Tätigkeiten oder deren Ergebnisse festlegt [...]."

Jedoch sind Normen nicht mit Gesetzen auf eine Stufe zu stellen, da deren Einhaltung freiwillig ist. Nichtsdestotrotz haben sie aufgrund der zahlreichen Vorzüge eine hohe Durchsetzungskraft und können in Einzelfällen gar rechtsverbindliche Züge annehmen. [2]

Ein Standard hingegen, in diesem Fall „ein technischer Standard, der sich im Lauf der Jahre durch die Praxis vieler Anwender und verschiedener Hersteller als technisch nützlich und richtig erwiesen hat, bei einer gewissen Problemstellung ein bestimmtes pragmatisches Regelwerk einzuhalten. Ein (inter)nationales Normungsverfahren wurde jedoch nicht durchgeführt." [3]

Ergo durchläuft ein Standard kein offizielles Normungsverfahren wie eine Norm.

Im internationalen Bereich kommt jedoch erschwerend hinzu, dass im englischen Sprachgebrauch lediglich ein Wort hierfür existiert: Gibt man bspw. auf der Internet-Seite eines Fremdsprachenbuchs den englischen Begriff standard ein, erhält man zur Übersetzung sowohl Standard als auch Norm, je nach Kontext. [4]

Wie werden Normen nun eingeführt?
Zuerst ist jede Person dazu berechtigt, einen Antrag für eine Norm zu stellen.
Die Gruppen, die sich für den Antrag interessieren, beordern dann ihre Spezialisten zu einem DIN-Arbeitsausschuss. Die Aufgabe von DIN liegt darin, die Abläufe in den Prozessen abzustimmen und die Leitung zu verantworten.
Wenn sich der Arbeitsausschuss einig ist und einen Konsens gefunden hat, nach Berücksichtigung der Wirtschaftlichkeit oder auch des Status quo der Technik, wird der Entwurf öffentlich zur Diskussion freigegeben und kann erst dann als Norm publiziert werden. [5]

---

[2] Vgl.: http://www.din.de/cmd?level=tpl-rubrik&menuid=47391&cmsareaid=47391&menurubricid=47513&cmsrubid=47513&languageid=de#oben
[3] Zitiert nach: http://de.wikipedia.org/wiki/Industriestandard
[4] Vgl.: http://www.ponsline.de/cgi-bin/wb/w.pl?ID=28163poTMebsQkNe6.&Richtung=ED&Treffer=1&Begriff=standard
[5] Vgl.: http://www.din.de/cmd?level=tpl-rubrik&menuid=47391&cmsareaid=47391&menurubricid=47513&cmsrubid=47513&languageid=de#oben

Das Deutsche Institut für Normung e.V. ist zwar zuerst auf deutscher, also nationaler Ebene die wichtigste Organisation für Normung in charge, jedoch nur eine von vielen.

Wie in meiner Hausarbeit auch bearbeitet, existiert in England die BSI, The British Standards Institution, und in Frankreich das Pendant AFNOR, Association francaise de normalisation.

Diese Institutionen im nationalen Bereich sind jedoch noch anderen sowohl auf regionaler als auch auf internationaler Ebene untergeordnet.

Im folgenden Organigramm sind die Beziehungsverhältnisse dargestellt:

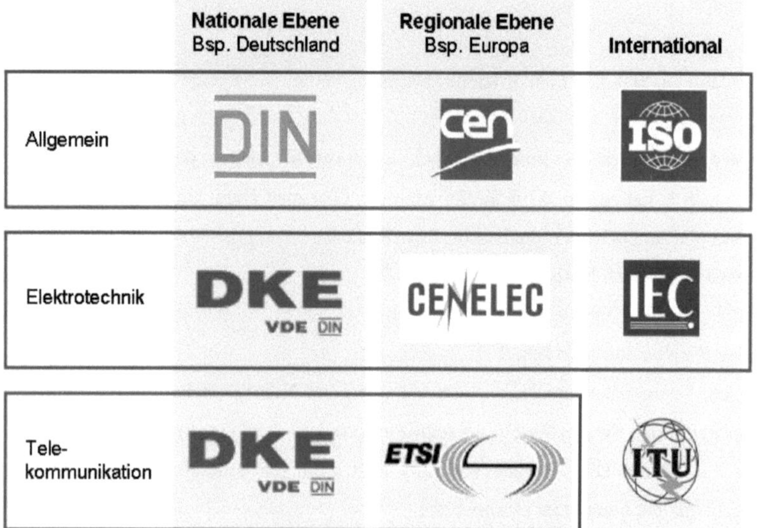

[6]

Hier ist gut zu erkennen, dass DIN auf nationaler Ebene für Normierung zuständig ist; sobald es jedoch bspw. um europäische oder gar internationale Interessen geht, an CEN, Comité Européen de Normalisation, oder ISO, International Organization for Standardisation, Kompetenzen und Zuständigkeiten abgibt.

Die Unterstellungen in den Sparten Elektrotechnik und Telekommunikation stellen das gleiche Prinzip, wie oben erläutert, dar.

---

[6] Vgl.: http://www.din.de/cmd;jsessionid=4A11EE9893B24AF6041EF83339CE60D6,2?level=tpl-bereich&menuid=47390&cmsareaid=47390&languageid=de

2. Hauptteil

Wie eingangs in der Einleitung dargelegt, werden im folgenden Kapitel die nationalen Normungsorganisationen DIN, BSI und AFNOR beschrieben indem deren Entstehung, derzeitiger Stand und Ziele herausarbeitet werden.

2.1. DIN

DIN steht für Deutsches Institut für Normung

2.1.1. Historie

Das DIN wurde im Jahr 1917, genau am 22. Dezember, gegründet und fungierte zu Beginn als Normenausschuss für die damalige deutsche Industrie (NADI).

Bereits im März des Folgejahres wurde die erste DIN-Norm, i.e. DIN 1 Kegelstifte, erlassen.

1920 folgte die Eintragung als Verein und das DIN-Zeichen wurde beim Patentamt angemeldet.

Ein weiterer wichtiger Meilenstein, der heute als Selbstverständlichkeit hingenommen wird, ist die Publikation der Norm DIN 476 – Papierformate im Jahre 1922.

Zwei Jahre später wurde der Beuth-Verlag gegründet, auf den ich im weiteren Verlauf der Arbeit genauer eingehen werde.

1926 erfolgte die Änderung des Namens von Normenausschuss der deutschen Industrie (NADI) in DANN – Deutscher Normenausschuss.

Im Jahr 1927 kann DIN bereits die 3000. Norm verzeichnen.

Nach dem Zweiten Weltkrieg und der Wiederaufnahme der Tätigkeiten, tritt das DIN im Jahr 1951 der ISO, International Organization for Standardization, bei.

1961 nahm das DIN als Mitglied an der Gründung von CEN, Europäisches Komitee für Normung, teil.

Weitere relevante Ereignisse sind die Gründung der deutschen Gesellschaft für Warenkennzeichnung mbH (1972) und des Verbraucherrates (1974).

1974 wird der bisherige Name DNA in DIN Deutsches Institut für Normung e.V. geändert.

Zusammenarbeit mit dem chinesischem Normungsinstitut (1979) und dem russischen Pendant GOST (1989) folgen.

Initialisierung des „Neuen Konzepts" im Jahr 1985 nach welchem die Legislative auf Normen verweist.

Nach der Wiedervereinigung Deutschlands werden die DIN-Normen im ehemaligen Osten empfohlen und eingeführt.

Außerdem beteiligen sich die schweizerische und österreichische Organisation am Beuth-Verlag, sodass nun der gesamte deutschsprachige Raum abgedeckt wird (1992).

1998 erschien die deutsche PAS, Publicity Available Specification, um die Diskrepanz zwischen konsensbasierter Normung und Werknormung zu begradigen.

Publikation der Deutschen Normungsstrategie 2004, in welcher fünf gemeinsame Ziele aller an Normung interessierter Personen festgehalten werden, die im Verlauf der Arbeit noch konkretisiert werden. [7]

2.1.2. Wesentliche Merkmale und Aufgaben

Das DIN, Deutsches Institut für Normung e.V., „ist ein eingetragener Verein, wird privatwirtschaftlich getragen und ist laut eines Vertrages mit dem Bund die zuständige Normungsorganisation für die europäischen und internationalen Normungsaktivitäten. Es bietet ein Forum für Hersteller, Handel, Industrie, Wissenschaft, Verbraucher, Prüfinstitute und Behören, als so genannte interessierte Kreise [...].“ [8]

---

[7] Vgl.: http://www.din.de/cmd?level=tpl-unterrubrik&menuid=47391&cmsareaid=47391&cmsrubid=47514&menurubricid=47514&cmssubrubid=47520&menusubrubid=47520&languageid=de

[8] Zitiert nach: http://de.wikipedia.org/wiki/DIN

Die Organisation des DIN sieht wie folgt aus: (siehe Organigramm im Geschäftsbericht 2007)

Stand 1. Mai 2008

Übersicht über die DIN-Gruppe

DIN e. V.

Präsidialausschüsse

Finanzausschuss — *Stauß*

Normenprüfstelle — *N Zimmermann*

Verbraucherrat — *Prof. Dr. Meier*

Wahlausschuss

Mitgliederversammlung

Präsidium

Präsident — *Harting*
1. Stellvertreter des Präsidenten — *Kempkes*
2. Stellvertreter des Präsidenten — *Prof. Dr. Hennecke*
Direktor — *Dr. Bahke*

Präsidialausschüsse

FOCUS-ICT — *Prof. Dr. Usselof*

Deutscher Rat für Konformitätsbewertung — *Dr. Bahke*

Sonderausschuss Forschung, Innovation und Entwicklung — *Prof. Dr. Stanzel*

Geschäftsleitung

Normung — *Gaub*

Direktor des DIN — *Dr. Bahke*

Kaufmännische Leitung — *Welna*
Stellv. des Direktors des DIN

Internationale Zusammenarbeit — *Ziethen*

Innovation und Standardisierung — *Marquardt*

Technische Koordinierung Normung — *Fr. Dr. Bohnsack*

Management Zentrale Funktionen — *Swierczyna*

IT-Management — *Dr. Strauß*

Abteilungen und Kommissionen

Techn. Abt. 1
Feinmechanik und Optik
Lebensmittel
Umwelt
Gesundheit
Sicherheitstechnik
Dr. Hövel

Techn. Abt. 2
Bauwesen
Wasserwesen
Techn. Ausbau
Schiffs- und Meerestechnik
Vogel

Techn. Abt. 3
Materialprüfung
Techn. Grundlagen
Maschinen- und Anlagenelemente
Werkstoffe
Informationstechnik
Dr. Weisgerber

DKE
Deutsche Kommission Elektrotechnik Elektronik Informationstechnik im DIN und VDE
Dr. Thies (Sprecher)
Dr. Creger

Externe Normenausschüsse

Prozessmanagement
Fr. Dr. Bohnsack

Personalmanagement
Fr. Wilges
Stv. Fr. Baxmann-Kraft

Kommissionen

- Kommission Gesundheitswesen
- Kommission Managementsysteme
- Kommission Sicherheitstechnik
- Kommission Transportkette

Tochter- und Beteiligungsgesellschaften

Beuth Verlag GmbH
Berlin
Fr. Michalski
König

DIN Software GmbH
Berlin
Dr. Schücht

DIN GOST TÜV
Berlin-Brandenburg
Gesellschaft für Zertifizierung in Europa mbH
Petersdroskis
Supke
Sundof

DQS
Deutsche Gesellschaft zur Zertifizierung von Managementsystemen mbH
Frankfurt a. M.
Drechsel
Hökwoh

DIN CERTCO
Gesellschaft für Konformitätsbewertung mbH
Berlin
Sundof

9

---

[9] Vgl.: http://www.din.de/cmd?level=tpl-rubrik&menuid=47391&cmsareaid=47391&menurubricid=47516&cmsrubid=47516&languageid=de#

Das Präsidium bestimmt die Grundsätze und ist dafür zuständig, die Geschäfts- und Geldpolitik und der damit verbundenen Gesellschaften fest zu legen.

Weiterhin hat das Präsidium über Entstehen, Bestehen und die Arbeiten der Normenausschüsse zu entscheiden. [10]

Außerdem setzt das Präsidium so genannte Präsidialausschüsse ein, die es bei seinen Aufgaben unterstützt. Derer gibt es drei verschiedene Arten: Es wird unterschieden zwischen „ständigen Ausschüssen, Ausschüssen für die Dauer einer Amtszeit eines Präsidiums und Sonderausschüssen für die Erledigung einer bestimmten Aufgabe […].“[11]

Weiterhin existieren Normenausschüsse, von denen ca. 70 aufgestellt sind und die für die fachlichen Aufgaben der Normung zuständig sind. Für eine spezifische Normenaufgabe ist auch immer nur ein Normenausschuss verantwortlich. [12]

Außerdem verfügt das DIN über eine Mitgliederversammlung, die die Aufgabe hat, das Präsidium zu wählen.

Es wird von der Geschäftsleitung geführt, in welcher der Direktor den Vorsitz hat und ebenfalls Mitglied des Präsidiums ist. [13]

Darüber hinaus sind Kommissionen in das DIN integriert: Sie haben die Aufgabe, den Direktor zu beratschlagen und dienen der Koordinierung verschiedener Fachgebiete und der Arbeit mit anderen Organisationen. Nach Erreichen der gesetzten Ziele werden sie wieder aufgelöst. Momentan gibt es die Kommissionen Sicherheitstechnik, Transportkette, Gesundheitswesen und Managementsysteme. [14]

---

[10] Vgl.: http://www.din.de/cmd?level=tpl-unterrubrik&menuid=47391&cmsareaid=47391&menurubricid=47516&cmsrubid=47516&menusubrubid=53212&cmssubrubid=53212&languageid=de

[11] Zitiert nach: http://www.din.de/cmd?level=tpl-unterrubrik&menuid=47391&cmsareaid=47391&menurubricid=47516&cmsrubid=47516&menusubrubid=47529&cmssubrubid=47529&languageid=de

[12] Vgl.: http://www.din.de/cmd?level=tpl-unterrubrik&menuid=47391&cmsareaid=47391&menurubricid=47516&cmsrubid=47516&menusubrubid=47530&cmssubrubid=47530&languageid=de

[13] Vgl.: http://de.wikipedia.org/wiki/DIN

[14] Vgl.: http://www.din.de/cmd?level=tpl-unterrubrik&menuid=47391&cmsareaid=47391&menurubricid=47516&cmsrubid=47516&menusubrubid=47531&cmssubrubid=47531&languageid=de

Überdies hat das DIN zwei Tochtergesellschaften:

Zum einen die DIN Software GmbH, die für die Datenbanken der DIN-Gruppe zuständig und die Beschaffung von Software zur Normenerarbeitung zuständig ist.

Zum anderen der Beuth-Verlag, der kurz gefasst für das Vertreiben der Normen verantwortlich ist, die übrigens kostenpflichtig sind. [15]

Außerdem sind am DIN folgende Gesellschaften beteiligt:

Die DIN GOST TÜV Berlin-Brandenburg Gesellschaft für Zertifizierung in Europa mbH, DQS GmbH Deutsche Gesellschaft zur Zertifizierung von Managementsystemen und DIN CERTCO Gesellschaft für Konformitätsbewertung mbH. [16]

Die Aufgaben und Ziele, die sich DIN setzt, sind Folgende:

„ - Beteiligung aller interessierten Kreise, unabhängig von ihrer wirtschaftlichen

   Leistungsfähigkeit und Sprachkenntnissen

- Unterstützung des freien Warenverkehrs durch aktive Mitwirkung an der internationalen

   und europäischen Normung

- Nationale Übernahme europäischer und internationaler Normen

- Einheitlichkeit und Widerspruchsfreiheit des Normenwerks

- Aktiver Beitrag zur Konsensbildung

- Beachtung von Rechtsvorschriften

- Bereitstellung der elektronischen Infrastruktur für die Normenentwicklung

- Vermeidung von Doppelarbeit " [17]

---

[15] Vgl.: http://www.din.de/cmd?level=tpl-unterrubrik&menuid=47391&cmsareaid=47391&menurubricid=47515&cmsrubid=47515&menusubrubid=47527&cmssubrubid=47527&languageid=de

[16] Vgl.: http://www.din.de/cmd?level=tpl-unterrubrik&menuid=47391&cmsareaid=47391&cmsrubid=47515&menurubricid=47515&cmssubrubid=47526&menusubrubid=47526&languageid=de

[17] Zitiert nach: http://www.din.de/cmd?level=tpl-rubrik&menuid=47391&cmsareaid=47391&menurubricid=47514&cmsrubid=47514&languageid=de

Das Budget des DIN sieht wie folgt aus:

Verlagserlöse und eigene
wirtschaftliche Tätigkeiten [18]

Das Gesamtbudget DINs betrug, wie dem Geschäftsbericht 2007 zu entnehmen, 68 Mio. €. Also setzt sich das Budget DINs mit zu 20% (13,6 Mio. €) aus Beiträgen der Wirtschaft, zu 17% (11,56 Mio. €) aus der öffentlichen Hand, zu 7% (4,76 Mio. €) aus Mitgliedsbeiträgen und letztlich zu 56% (38,08 Mio. €) aus den wirtschaftlichen Erlösen zusammen. [19] (Geschäftsbericht 2007, 2)

<u>2.1.3. Status quo</u>

Im Folgenden werde ich die wirtschaftlichen Kennzahlen anhand des Geschäftsberichts aus dem Jahr 2007 herausarbeiten, wobei die eingeklammerten Zahlen aus dem Jahr 2006 entstammen, um einen Vergleichswert heranziehen zu können.

DIN hatte im letzten Kalenderjahr 30.716 (30.046) Normen veröffentlicht, von denen 2.442 (2.538) neu erschienen sind. Norm-Entwürfe waren 4.540 (5.011) und DIN Normen in Englisch 17.512 (16.699) zu zählen.

Es wurden 73 (74) Normenausschüsse, 4 (4) Kommissionen und 3219 (3176) Arbeitsausschüsse gebildet.

Die Sitzungen der Normenausschüsse betrug 4.191 (4.165) und 25.924 (26.194) Experten der interessierten Kreise waren involviert.

---

[18] Vgl.: http://www.din.de/cmd?level=tpl-rubrik&menuid=47391&cmsareaid=47391&menurubricid=47517&cmsrubid=47517&languageid=de
[19] Vgl.: .: http://www.din.de/sixcms_upload/media/2896/GB_2007_d.pdf

Im Jahr 2007 zählte DIN e.V. 1.711 (1.693) Mitglieder, 373 (397) Mitarbeiter und 69 (41) befristete Mitarbeiter.

Bei den Tochtergesellschaften waren 163 (171) und 12 (9) befristete Mitarbeiter registriert.

Das Budget betrug 68 (60) Mio. € und die Umsätze der DIN-Tochtergesellschaften 49 (49) Mio. €. (Geschäftsbericht 2007, 2)

In dem Geschäftsbericht wird weiterhin die Wichtigkeit der Normung und damit einhergehende der Lehre der Normung an den Hochschulen betont.

Um diese zu forcieren, hat DIN im Jahr 2005 den Preiswettbewerb „Junge Wissenschaft" eingeführt, um studentische Arbeiten, die sich mit der Normung auseinandersetzen, auszuzeichnen.

Des Weiteren hat DIN das „Forschungsnetzwerk Normung" eingeleitet, um das Interesse für Normung zu fördern. (Geschäftsbericht 2007, 31)

„DIN CERTCO ist jetzt auch mit der KEYMARK-Zertifizierung von Deckenstrahlplatten nach DIN EN 14037 an den Start gegangen und ist somit die erste Zertifizierungsstelle, die vom CEN-Zertifizierungsrat in Brüssel zur Vergabe der KEYMARK für diese Produktart bevollmächtigt wurde." (Geschäftsbericht 2007, 43)

Die KEYMARK ist „ein einheitliches Produktqualitätszeichen für die europäischen Verbraucher" und fungiert als „das europäische Zertifizierungszeichen, das die Übereinstimmung von Produkten mit Europäischen Normen dokumentiert." [20]

Überdies hat das DIN seine Aktivitäten in Russland erweitert:

Die bereits enge Verbindung zu ROSTEKHREGULIROVANIE Russland und der Technischen Überwachung ROSTEKHNADSOR wurde weiter vertieft, indem sich das DIN an dem Wirken des Verbandes der Deutschen Wirtschaft in der Russischen Föderation beteiligte.

Außerdem informierte DIN Vertreter der deutschen und europäischen Wirtschaft über Veränderungen und wichtige Zulassungen und Registrierungen für den Export nach Russland.

Auch ist zu erwähnen, dass das Geschäftsfeld Technische Dienstleistungen für den russischen Markt weiterentwickelt wurde, um deutschen und europäischen Unternehmen den Zugang zum russischen Markt zu erleichtern. (Geschäftsbericht 2007, 40)

---

[20] Zitiert nach: http://www.dincertco.de/de/ueber_uns/unsere_zeichen/keymark_.html

Auch in Japan war DIN aktiv:

„DIN CERTCO setzte im Oktober 2007 mit der offiziellen Zertifikatsübergabe an das Unternehmen FUJI Electric aus Japan den Startschuss für die Zertifizierung von elektrischen Komponenten nach DIN EN 60947." (Geschäftsbericht 2007, 42)

Ebenso wurden die „Kontakte zu China […] weiter intensiviert […]."

Das DIN und SAC, Standardization Administration of China (also die nationale Normungsorganisation Chinas), sind zu dem Entschluss gekommen, das Sekretariat des Technischen Komitees ISO/TC 8 „Ships and marine technology" gemeinsam zu leiten.

Außerdem hat SAC Interesse an einer engeren Kollaboration in Bereichen wie der Nanotechnologie und anderen mit dem DIN gezeigt.

Ferner wirkt DIN aktiv in der Arbeitsgruppe Normung des Chinesisch-Deutschen Gemischten Wirtschaftsausschusses mit. (Geschäftsbericht 2007, 10)

Das DIN hat seine internationalen Beziehungen außerdem intensiviert und erweitert, indem es an der dritten Transatlantic Market Conference in den USA mitwirkte. [21]

(Geschäftsbericht 2008, 9)

<u>2.1.4. Ziele</u>

Im Kapitel 2.1.2. habe ich bereits die Aufgaben und Ziele DINs dargestellt. Diese sind jedoch nur grob gefasst und allgemein gehalten.

Um die Ziele genauer herauszuarbeiten, kann man das Skript mit dem Titel „Deutsche Normungsstrategie" heranziehen.

Diese kam am 29. März 2004 zustande, als bereits im Vorfeld erarbeitete Ziele in einem Workshop detaillierter erörtert wurden und dadurch die Grundlagen für die Deutsche Normungsstrategie geschaffen wurden.

---

[21] Vgl.: http://www.din.de/sixcms_upload/media/2896/GB_2007_d.pdf

Besagte Strategie besteht aus fünf Zielen:

„1. Normung und Standardisierung sichern Deutschlands Stellung als eine der führenden Wirtschaftsnationen.

2. Normung und Standardisierung unterstützen als strategisches Instrument den Erfolg von Wirtschaft und Gesellschaft.

3. Normung und Standardisierung entlasten die staatliche Regelsetzung.

4. Normung und Standardisierung sowie die Normungsorganisationen fördern die Technikkonvergenz.

5. Die Normungsorganisationen bieten effiziente Prozesse und Instrument an."[22]

(Deutsche Normungsstrategie 2004, 2)

Gesamtziel oder auch Vision besagter Strategie ist jedoch folgende, die durch die oben erwähnten Maßnahmen erreicht werden soll: „Normung und Standardisierung in Deutschland dienen Wirtschaft und Gesellschaft zur Stärkung, Gestaltung und Erschließung regionaler und globaler Märkte."[23]

Es sei hinzugefügt, dass die oben erwähnte Ziele nur allgemein gehalten und keine konkreten Maßnahmen oder Strategien aufgeführt sind, weil eine ausführliche Darstellung zu umfangreich für den angesetzten Rahmen dieser Hausarbeit wäre.

<u>2.2. BSI</u>

BSI steht für British Standards Institution

<u>2.2.1. Historie</u>

Am 22. Januar 1901 gründete Sir John Wolfe-Barry das Council of the institution of Civil Engineers um Normen für Eisen- und Stahl-Abschnitte zu entwerfen, was zu einer Reduzierung der Anzahl in diesem Bereich von 175 auf 113 führte.

1903 wurde die British Standard Mark eingeführt, um den Kunden aufzuzeigen, dass ein Produkt auf dem aktuellen Stand ist. Diese Marke entwickelte sich zur später bekannten Kitemark weiter.

Während des Ersten Weltkrieges wurden britische Normen von zahlreichen staatlichen und militärischen Institutionen verwendet, sodass es in den 1920-ern zu einer Verbreitung der British Standards nach Kanada, Australien, Südafrika und Neuseeland kam.

---

[22] Zitiert nach: http://www.din.de/sixcms_upload/media/2896/DNS_deutsch.28337.pdf
[23] Zitiert nach: http://www.din.de/cmd?level=tpl-rubrik&menuid=47388&cmsareaid=47388&menurubricid=47467&cmsrubid=47467&languageid=de

1931 wurde die offiziell für standards zuständige Organisation in The British Standards Institution umbenannt.

Durch den Ausbruch des Zweiten Weltkrieges wurde die reguläre Arbeit eingestellt; jedoch wurden in den nahezu sechs Jahren des gesamten Krieges 400 so genannte emergency standards entwickelt.

1946 schloss sich die Gründung der ISO, International Organization for Standardization an.

Zwischen 1946 und 1975 folgten weitere standards in zahlreichen verschiedenen Bereichen.

Im Jahr 1959 wurde ein Test-Haus eröffnet, um zu exportierende Produkte nach Kanada auf bestimmte Eigenschaften zu testen; weitere staatliche Aufträge erfolgten.

1979 wurde der erste management systems quality standard, BS 5750, eingeführt, welcher 1987 von ISO 9000 abgelöst wurde.

Diese Norm wurde bis zum Jahr 2005 776.000 Zertifikate in 161 Ländern implementiert und zertifiziert.

In den darauf folgenden Jahren kamen weitere weltweite Erfolge hinzu: Es wurden standards im Umwelt- und Geschäftsbereich publiziert.

Daraufhin kam die weltweite Expansion mit Außenstellen in den USA, BSI Americas in Reston, Virginia (1991) und in Hong Kong im Jahr 1995. Dieser Expansion außerdem zuzuschreiben sind: „CEEM, a leading American management system training and publication services provider, and International Standards Certification Pte Ltd, a Singapore based certification organization."

Weiter eignete sich BSI bis zum Jahr 2006 zahlreiche Gesellschaften und Anteile im internationalen Bereich an, um das weltweite Marktpotential ausnutzen und die hauseigenen Normen in noch mehr Ländern vertreiben zu können. [24]

2.2.2. Wesentliche Merkmale und Aufgaben

Die British Standards Institution „is a multinational business services provider whose principal activity is the production of standards and the supply of standards-related services."

Des Weiteren wird über den Unternehmenstyp gesagt, dass BSI ein „non-profit distributing incorporated body operating under Royal Charter" ist. [25]

Die BSI Group setzt sich jedoch aus drei Einheiten zusammen, mithilfe derer sie global agiert: BSI British Standards, BSI Management Systems und BSI Product Services. [26]

---

[24] Vgl.: http://www.bsi-global.com/en/About-BSI/About-BSI-Group/BSI-History/
[25] Vgl.: http://en.wikipedia.org/wiki/British_Standards_Institution
[26] Vgl.: http://www.bsi-global.com/en/About-BSI

In der Rubrik frequently asked questions der BSI-Website wird zu der Frage, wem BSI gehört, geantwortet: „BSI has no shareholders or other "owners". It is a commercial but non-profit distributing company. Its profits are reinvested in the business. It is not owned by and is independent of government." [27]

Bezüglich der Struktur von BSI und der Organe des Unternehmens lassen sich keine weiteren Angaben auf der Homepage von BSI finden.

Man könnte an dieser Stelle höchstens noch anführen, dass unter der Sparte BSI Executive and Regional Management die Besetzung der leitenden Stellen in BSI zu finden sind. Hierbei kann man sehen, dass BSI in den Regionen Europe, Middle East, Africa, Asia and America tätig ist. [28]

Die Aufgaben, die sich BSI setzt, sind Folgende:

„BSI Group:

- certifies management systems and products

- provides product testing services

- develops private, national and international standards

- provides training and information on standards and international trade and

- provides performance management software solutions" [29]

<u>2.2.3. Status quo</u>

Wie bei DIN durchgeführt, werde ich an dieser Stelle ebenfalls die aussagekräftigen Zahlen von BSI anhand des Geschäftsberichts aus dem Jahr 2007 und in Klammern 2006 herausarbeiten:

BSI erreichte im letzten Jahr Einnahmen von 179 Mio. £ (168,4 Mio. £) und einen Gewinn von 11,8 Mio. £ (9,3 Mio. £).

Die Anzahl der derzeitigen British Standards beträgt 30.211 (25.729) und es wurden 1.997 (2.753) neue Normen veröffentlicht.

BSI operierte in 124 (110) verschiedenen Staaten und beschäftigte 2.301 (2.274) Angestellte weltweit.

---

[27] Zitiert nach: http://www.bsigroup.com/en/About-BSI/News-Room/FAQs/Who-owns-BSI
[28] Vgl.: http://www.bsigroup.com/en/About-BSI/About-BSI-Group/BSI-Executive
[29] Zitiert nach: http://www.bsi-global.com/en/About-BSI

Außerdem wurden 1.247 (1.294) UK Technical Committees and subcommittees eingesetzt.

Die Anzahl der Committee Members veränderte sich von 7.300 auf 7.673 und die der Subscribing Members von 14.807 auf 14.742.

Business locations registered by BSI erhöhten sich von 54.833 auf 64.441.

(Annual Review 2007, 38)

Weiterhin sind die Interests in Group Undertakings von BSI von hoher Relevanz, um die jüngsten Aktivitäten darzustellen.

Im Annual Review 2007 sind 28 international verteilte Tochterfirmen und –gesellschaften aufgelistet, von denen 26 zu 100 %, eine zu 50 % und eine weitere zu 49 % von BSI gehalten wird.

Besonders erwähnenswert ist die deutsche NIS Zertifizierungs- und Umweltgutachter GmbH, die im März 2006 von BSI übernommen wurde, was dazu führte, dass BSI seitdem in der Zertifizierung Branchenführer ist. [30] (Annual Review 2007, 38)

Weiter wird im Geschäftsbericht 2007 über die ausländischen Aktivitäten geschrieben:

„Our relationship with the National Standards Body of China took a further positive step with the appointment of Mike Low, Director, BSI British Standards, as the first foreign representative on their China Standardization Expert Committee, which advises the Chinese National Standards Body on national standards and policy.

BSI also signed a Memorandum of Understanding with the Confederation of Indian Industry in November promoting the exchange of best practice in standardisation for the mutual benefit to UK and India businesses.

The Board´s visit to Brazil in November reflected our focus toward Latin America and provided opportunity to develop relationships with the Brazilian National Standards Body and engage with both customers and local staff."

Außerdem wurde Polen besucht, um den Kontakt zu dortigen Interessenskreisen zu intensivieren.

---

[30] Vgl.: http://www.bsigroup.de/de/About-BSI

Zusammengefasst konnte BSI den Gewinn von wichtigen Verträgen in Osteuropa, Zentralamerika, dem Mittleren Osten, China und Asia Pacific verzeichnen, um dabei zu helfen, die dortige Infrastruktur für Standards einzuführen und weiterzuentwickeln. (Annual Review 2007, 5)

Auch auf nationaler Ebene war BSI aktiv:
„We work closely with the newly established Government Department for Innovation, Universities and Skills and the new Technology Strategy Board in supporting the Government Innovation and Technology Strategy in our role as the National Standards Body fort the UK. More work in nanotechnology biometrics and regenerative medicine has reinforced our credentials in this important developing area for UK industry."
(Annual Review 2007, 6) [31]

2.2.4. Ziele

In England existiert zwar kein Strategieskript, das mit der Deutschen Normungsstrategie vergleichbar ist, jedoch hat natürlich auch die BSI Group Pläne und Ziele für die Zukunft.

Auf der Internetseite von BSI ist unter der Rubrik Vision zu lesen:
„- We set innovative standards that are used throughout the globe.
- We provide all the information and training relating to standardization that businesses need to succeed in their competitive markets.
- Businesses rely on us to keep improving the way they run with good management processes.
- We independently test and verify products to ensure that they are up to the job in terms of performance specification and safety." [32]
Außerdem will sich BSI als „a global independent business services organization that inspires confidence and delivers assurance to all out customers with standards-based solutions." [33]
sehen.

---

[31] Vgl.:
http://www.bsigroup.com/upload/Corporate%20Marketing/Financial%20Performance/BSI_Group_Annual_Revi ew_2007.pdf
[32] Zitiert nach: http://www.bsi-global.com/en/About-BSI/About-BSI-Group/BSI-Vision
[33] Zitiert nach: http://www.bsi-global.com/en/About-BSI/About-BSI-Group/BSI-Vision

2.3. AFNOR

AFNOR steht für Association francaise de normalisation.

2.3.1. Entstehungsgeschichte

Leider ließ sich zu diesem Unterpunkt weder auf der Internetseite AFNORs noch in Lexika ein zu verwendender Beitrag finden.

Es existiert lediglich in der Wikipedia ein kurzer Bericht bezüglich AFNOR, in welchem zumindest das Gründungsdatum und -zweck aufgeführt werden: „Gegründet wurde sie 1926 als eingetragener Verein (Association Loi 1901) französischer Unternehmen. Ein Erlass des Industrieministeriums verleiht AFNOR die exklusive Befugnis, „Normen" zu billigen."[34]

2.3.2. Wesentliche Merkmale und Aufgaben

Die Struktur der AFNOR Group: Sie besteht aus „an association, a pivotal company and three commercial subsidiaries".

Die French standards association (AFNOR) ist die Führung der AFNOR Group. Hierbei sei erwähnt, dass sie „a state-approved organisation under the administrative supervision of the Ministriy for Industry" ist.

Außerdem ist AFNOR Mitglied von CEN und ISO und dadurch verantwortlich für alle französischen Aspekte auf regionaler und internationaler Ebene.

Weiterhin ist AFNOR Développement, das zentrale Unternehmen, aufzuführen, dessen „capital is entirely owned by AFNOR, holds all the securities of the commercial subsidiaries. It incorporates the support resources that may be required to work with all the Group´s operational and subsidiaries entities."

Außerdem ist AFNOR Développement für die strategische und operationale Führung sowie die Kontrolle der Tochterfirmen und dafür, dass sie reibungslos funktionieren verantwortlich.

Darüber hinaus besitzt die AFNOR Group kommerziell agierende Tochterfirmen:

AFNOR Certification „is the Certification Centre responsible fort the certification activities that were previously dealt with by the AFAQ Association and AFNOR Certification and are now combined within one subsidiary company."

AFNOR Compétences ist das Zentrum für Training und Schulungen.

---

[34] Zitiert nach: http://de.wikipedia.org/wiki/AFNOR

AFNOR International hat sich die Ziele gesetzt, die eigenen Grundsätze der Zertifizierungsentwicklung, der technischen Zusammenarbeit und des Trainings voranzubringen und zu verbreiten. Außerdem verbindet es die internationalen Aktivitäten von AFNOR und AFAQ-ASCERT.

Besagtes internationales Zentrum ist in den weltweiten Regionen durch 15 Delegationen vertreten.

Zur AFNOR Group ist noch hinzuzufügen, dass sie in enger Zusammenarbeit mit professionellen Organisationen und zahlreichen nationalen und regionalen Partnern agiert, was jedoch nicht auf der AFNOR-Website konkretisiert wird [35]

Die Aktivitäten der AFNOR Group gliedern sich in vier Teilbereiche:

Standardisation: „AFNOR develops the reference systems required by economic players to promote their strategic and commercial development." Da die europäische sowie internationale Normierung mehr als 80% der eigenen Arbeit ausmacht, ist AFNOR als einflussreich anzusehen, um französische Interessen in diesen Bereichen zu vertreten.

Publication and distribution of information products: AFNOR unterstützt Unternehmen, indem sie ihnen internationale Normen und Informationen auf ihre Bedürfnisse zugeschnitten bereitstellt.

Training: Wie bereits in der strukturellen Zusammensetzung angesprochen, ist AFNOR Compétences für die Schulung verantwortlich: „helps economic players to apply the reference systems and prepare applications for standardisation, certification and progress initiatives through its wide range of inter/intra company training and information days".

Certification: AFNOR Certification offeriert ein großes Spektrum an Zertifikaten für Management-Systeme, Produkte, Dienstleistungen und Personen.

Des Weiteren kann die AFNOR Group auf die Unterstützung der Tochterfirmen und Partner außerhalb Frankreichs und AFNORs Netzwerk zurückgreifen. [36]

---

[35] Vgl.: http://portailgroupe.afnor.fr/v3/about_afnor/organisational_structure.htm
[36] Vgl.: http://portailgroupe.afnor.fr/v3/about_afnor/activities.htm

<u>2.3.3. Status quo</u>

Auch bei AFNOR spielt die Analyse des Geschäftsberichts aus dem Jahr 2007 eine bedeutende Rolle:

Die AFNOR Group erzielte im letzten Kalenderjahr einen Umsatz von 114,6 Mio. € und einen Gewinn von 3,2 Mio. €, wobei der Anteil AFNORS bei 52 Mio. € am Umsatz und 2,9 Mio. € am Gewinn beträgt.

Es wurden 1860 neue Normen veröffentlicht, von denen 16% französisch und 84% international sind.

Außerdem verfügt AFNOR über 1.151 Mitarbeiter und operiert in 90 verschiedenen Ländern weltweit. (Activity Report 2007)

In der Rubrik Growing internationally wird erwähnt, dass AFNOR International 51% der Anteile an dem Zertifizierungs-Unternehmen EAQA Bestcert, welche besonders auf dem asiatischen Markt aktiv war, übernommen hat. Hierdurch festigt AFNOR seine Stellung besonders in den Bereichen Quality Safety Environment (QSE), automotive, aeronautical and rail sector.

Außerdem hat die AFNOR Group zwei weitere Filialen in Russland und Algerien eröffnet.

(Activity Report 2007, 4)

Weitere Aktivitäten im Ausland: „In the Ukraine, AFNOR provides technical assistance for the state agency in charge of standardisation, metrology and consumer protection. This action is conducted in partnership with Germany.

Algeria, Croatia, Bosnia Herzegovina, Poland, Turkey and Vietnam are countries where AFNOR experts have worked in the areas of capital goods, consumer products and foodstuffs (bringing the seafood sector in Vietnam up to standard for food safety)."

(Activity Report 2007, 4)

Darüber hinaus wurde der AFNOR China Club ins Leben gerufen, um französischen Firmen den Zugang zum chinesischen Markt zu erleichtern.

Konkret bedeutet das, dass den Interessengruppen die Möglichkeit gegeben wird, Ideen auszutauschen, Normierungs-Verträge zu verstehen und den Minister Director General of the SAC (standardization administration of China) zu treffen.

(Activity Report 2007, 5)

Eine weitere wichtige Mission der AFNOR Group ist es, Bewusstsein der Firmen und Organisationen auf nationaler Ebene zu schaffen und sie mit Informationen zu versorgen.
2007 nahmen mehrere hundert Unternehmen an Workshops und gemeinsamen Operationen teil.
(Activity Report 2007, 5)

Außerdem setzte sich AFNOR für die Integration von Behinderten ein, indem es sich weiter in die Vereinigung „Nos Quartiers ont des Talents" einbrachte. [37]
(Activity Report 2007, 5)

<u>2.3.4. Ziele</u>
In dem Geschäftsbericht aus dem Jahr 2007 schreibt AFNOR über sich selber:
„- A sense of customer service
- Insistence on quality
- An ability to explore and open up new areas"
Besagte Aspekte sind zwar keine konkreten Zielen, jedoch Unternehmenswerte, die gelebt werden und auch in Zukunft eingehalten werden sollen; ergo auch als Ziele fungieren.

Weiterhin ging AFNOR 2006 einen Vertrag mit dem Staat ein, der folgende vier Ziele enthält:
„- Improving the readability and effectiveness of the system
- Encouraging knowledge of standardisation
- Confirming French positions at international level and developing the European model
- Clarifying the complementary relationship between standards and regulations"

Darüber hinaus sind in dem Activity Report zahlreiche weitere Teilziele in Bereichen wie Agri-Food, Water, Services, Energy, Fair Trade, Environment etc., die allerdings ebenfalls nicht dem Umfang dieser entsprechen. [38]

---

[37] Vgl.: http://portailgroupe.afnor.fr/v3/pdf/activity-report.pdf
[38] Vgl.: http://portailgroupe.afnor.fr/v3/pdf/activity-report.pdf

<u>3. Schluss</u>

In dem Schlussteil der Arbeit werden die drei Normungsorganisationen DIN, BSI und AFNOR basierend auf den bisher herausgestellten Daten und Fakten miteinander verglichen.

<u>3.1. Vergleich</u>

Den Vergleich der drei Normungsorganisationen könnte man natürlich auch wieder en detail ausführen, was jedoch nicht dem Umfang meiner Hausarbeit entsprechen würde.

Ich werde lediglich kurz auf die Struktur, Aktivitäten und Zielsetzungen der Institutionen eingehen:

Es besteht die Parallele, dass der kommerzielle Gedanke lediglich, bezüglich der Struktur, an zweiter Stelle steht:

- DIN ist ein eingetragener Verein, der privatwirtschaftlich getragen wird. Nur die Tochtergesellschaften erzielen einen Gewinn.
- BSI is a non-profit distributing incorporated body.
- Die AFNOR Group besitzt commercial subsidiaries, ähnlich DIN.

Bei dem Schwerpunkt der Hausarbeit, den jüngsten Aktivitäten, ist auffallend, dass alle drei Organisationen besonders aktiv den Dialog und Kontakte mit dem Ausland suchen, um dort neue Märkte zu erschließen. Hauptsächlich eher wirtschaftlich unterentwickelte aber aufstrebende Nationen, also nicht dem Stand der westlichen Wirtschaftsnationen entsprechend, wie Russland, China und Regionen wir Osteuropa oder Südamerika bilden einen Schwerpunkt.

AFNOR sticht hierbei mit seinem Activity Report durch besonders viel Geschäftigkeit heraus. Ebenso legten die Organisationen einen Schwerpunkt bei der Arbeit im Inland und der Förderung der Normungsaktivität in Forschung und Wirtschaft durch Preisverleihungen und Versammlungen großen Wert. Hier ist DIN am stärksten aufgefallen, jedoch dicht gefolgt von AFNOR und BSI.

Außerdem werden einige aussagekräftige Kennzahlen anhand eines Diagramms miteinander verglichen:

Vergleich 2007:			
	AFNOR:	BSI:	DIN:
Umsatz:	114,6 Mio. €	225 Mio. €	49 Mio. €
Gewinn:	3,2 Mio. €	14,8 Mio. €	
Normen:	1860	1997	2442
Mitarbeiter:	1151	2301	163
Länder:	90	124	

Jedoch ist hier im Vorfeld anzuführen, dass sich der Umsatz und die Anzahl der Mitarbeiter des DIN lediglich auf die Tochtergesellschaften beziehen.

Den höchsten Umsatz im letzten Kalenderjahr mit 225 Mio. € und Gewinn mit 14,8 Mio. € erzielte BSI.

Die meisten Normen wurden durch DIN mit einer Stückzahl von 2.442 veröffentlicht.

Die größte Anzahl an Mitarbeitern ist wiederum bei BSI mit 2301 zu finden.

Und letztlich operiert auch BSI in den meisten verschiedenen Ländern, nämlich 124.

Über DIN waren diesbezüglich keine Angaben zu finden.

Betreffs der Pläne ist anzumerken, dass alle drei Organisationen eigene Zielsetzungen formuliert und konkretisiert haben.

Jedoch fiel besonders DIN mit der Deutschen Normungsstrategie auf, die dazu dient, die Wirtschaft und Gesellschaft Deutschlands zu stärken und eine Gestaltung und Erschließung regionaler und globaler Märkte zu erreichen.

Auch AFNOR ging einen Vertrag mit dem Staat ein, um die Zielsetzungen zu konkretisieren, wobei bei BSI kein solcher Vertrag im Geschäftsbericht 2007 zu finden ist.

<u>3.2. Resümee</u>

An dieser Stelle wird keine der Normungsorganisationen DIN, BSI und AFNOR als erfolgreichste oder aussichtsreichste Institution bewertet, da hierzu viel mehr Aspekte und Daten mit einbezogen werden müssten, als in der vorliegenden Hausarbeit herausgearbeitet wurden.

Es wird lediglich eine kurze Bilanz in Bezug auf die Aktivitäten gezogen:

Jeder der drei Institutionen, wie sich am Ende der Bearbeitung des Themas herausgestellt hat, weist Merkmale auf, die für eine besondere Aktivität ob im In- oder Ausland oder anhand wirtschaftlicher Kennzahlen sprechen.

Meiner Meinung nach, die sich im Laufe der Hausarbeit gebildet hat, ist die BSI Group die aktivste Organisation der drei:

Sie verfolgt einen aggressiven Übernahmekurs und hat die meisten Dependancen im Ausland.

Des Weiteren hat sie bezüglich der wirtschaftlichen Daten aus dem Geschäftsbericht 2007 die Nase vorn.

Um jedoch eine handfeste Aussage machen zu können, müsste man sich, wie oben bereits erwähnt, wesentlich intensiver mit der Thematik beschäftigen.

<u>4. Anhang</u>

<u>4.1. Literaturverzeichnis</u>

<u>Digitale Quellen:</u>

AFNOR (2008): Activities
http://portailgroupe.afnor.fr/v3/about_afnor/activities.htm [23.08.2008]

AFNOR (2007): Activity Report
http://portailgroupe.afnor.fr/v3/pdf/activity-report.pdf [23.08.2008]

AFNOR (2008): Organisational structure
http://portailgroupe.afnor.fr/v3/about_afnor/organisational_structure.htm [23.08.2008]

BSI (2008): About BSI Group
http://www.bsi-global.com/en/About-BSI [17.08.2008]

BSI (2008): Annual Review 2007
http://www.bsigroup.com/upload/Corporate%20Marketing/Financial%20Performance/BSI_Group_Annual_Review_2007.pdf [17.08.2008]

BSI (2008): BSI Executive and Regional Management
http://www.bsigroup.com/en/About-BSI/About-BSI-Group/BSI-Executive [17.08.2008]

BSI (2008): BSI Vision
http://www.bsi-global.com/en/About-BSI/About-BSI-Group/BSI-Vision [17.08.2008]

BSI (2008): History of BSI Group
http://www.bsi-global.com/en/About-BSI/About-BSI-Group/BSI-History/ [28.07.2008]

BSI (2008): Über BSI NIS ZERT
http://www.bsigroup.de/de/About-BSI [17.08.2008]

BSI (2008): Who owns BSI?
http://www.bsigroup.com/en/About-BSI/News-Room/FAQs/Who-owns-BSI [17.08.2008]

DIN (2008): Beteiligungen
http://www.din.de/cmd?level=tpl-
unterrubrik&menuid=47391&cmsareaid=47391&cmsrubid=47515&menurubricid=47515&c
mssubrubid=47526&menusubrubid=47526&languageid=de [28.07.2008]

DIN (2008): Chronik
http://www.din.de/cmd?level=tpl-
unterrubrik&menuid=47391&cmsareaid=47391&cmsrubid=47514&menurubricid=47514&c
mssubrubid=47520&menusubrubid=47520&languageid=de [25.07.2008]

DIN (2004): Deutsche Normungsstrategie
http://www.din.de/sixcms_upload/media/2896/DNS_deutsch.28337.pdf [10.08.2008]

DIN (2008): Deutsche Normungsstrategie
http://www.din.de/cmd?level=tpl-
rubrik&menuid=47388&cmsareaid=47388&menurubricid=47467&cmsrubid=47467&langua
geid=de [17.08.2008]

DIN (2008): DIN e.V.
http://www.din.de/cmd?level=tpl-
rubrik&menuid=47391&cmsareaid=47391&menurubricid=47514&cmsrubid=47514&langua
geid=de [10.08.2008]

DIN (2008): DIN in der Welt
http://www.din.de/cmd;jsessionid=4A11EE9893B24AF6041EF83339CE60D6.2?level=tpl-
bereich&menuid=47390&cmsareaid=47390&languageid=de [25.07.2008]

DIN (2008): Finanzierung
http://www.din.de/cmd?level=tpl-
rubrik&menuid=47391&cmsareaid=47391&menurubricid=47517&cmsrubid=47517&langua
geid=de [10.08.2008]

DIN (2008): Fragen und Antworten
http://www.din.de/cmd?level=tpl-
rubrik&menuid=47391&cmsareaid=47391&menurubricid=47513&cmsrubid=47513&langua
geid=de#oben [25.07.2008]

DIN (2007): Geschäftsbericht 2007
http://www.din.de/sixcms_upload/media/2896/GB_2007_d.pdf [10.08.2008]

DIN (2008): Kommissionen
http://www.din.de/cmd?level=tpl-
unterrubrik&menuid=47391&cmsareaid=47391&menurubricid=47516&cmsrubid=47516&m
enusubrubid=47531&cmssubrubid=47531&languageid=de [28.07.2008]

DIN (2008): Normenausschüsse
http://www.din.de/cmd?level=tpl-
unterrubrik&menuid=47391&cmsareaid=47391&menurubricid=47516&cmsrubid=47516&m
enusubrubid=47530&cmssubrubid=47530&languageid=de [28.07.2008]

DIN (2008): Organisation
http://www.din.de/cmd?level=tpl-
rubrik&menuid=47391&cmsareaid=47391&menurubricid=47516&cmsrubid=47516&langua
geid=de [27.08.2008]

DIN (2008): Präsidialausschüsse
http://www.din.de/cmd?level=tpl-
unterrubrik&menuid=47391&cmsareaid=47391&menurubricid=47516&cmsrubid=47516&m
enusubrubid=47529&cmssubrubid=47529&languageid=de [28.07.2008]

DIN (2008): Präsidium
http://www.din.de/cmd?level=tpl-
unterrubrik&menuid=47391&cmsareaid=47391&menurubricid=47516&cmsrubid=47516&m
enusubrubid=53212&cmssubrubid=53212&languageid=de [28.07.2008]

DIN (2008): Tochtergesellschaften
http://www.din.de/cmd?level=tpl-
unterrubrik&menuid=47391&cmsareaid=47391&menurubricid=47515&cmsrubid=47515&m
enusubrubid=47527&cmssubrubid=47527&languageid=de [28.07.2008]

DIN CERTCO (2008): KEYMARK
http://www.dincertco.de/de/ueber_uns/unsere_zeichen/keymark_.html [27.08.2008]

PONS (2008): *standard*
http://www.ponsline.de/cgi-
bin/wb/w.pl?ID=28163poTMebsQkNe6.&Richtung=ED&Treffer=1&Begriff=standard
[25.07.2008]

Wikipedia (2007): Association francaise de Normalisation
http://de.wikipedia.org/wiki/AFNOR [28.07.2008]

Wikipedia (2008): BSI Group
http://en.wikipedia.org/wiki/British_Standards_Institution [17.08.2008]

Wikipedia (2008): Deutsches Institut für Normung
http://de.wikipedia.org/wiki/DIN [28.07.2008]

Wikipedia (2008): Industriestandard
http://de.wikipedia.org/wiki/Industriestandard [25.07.2008]